精准扶贫丛书
种养致富系列

淡水养殖
致富图解

施 军 王大鹏 编著

广西科学技术出版社

图书在版编目（ＣＩＰ）数据

淡水养殖致富图解 / 施军，王大鹏编著. —南宁：广西科学技术出版社，2017.12（2018.10重印）

ISBN 978-7-5551-0928-0

Ⅰ.①淡… Ⅱ.①施… ②王… Ⅲ.①淡水养殖—图解 Ⅳ.①S964-64

中国版本图书馆CIP数据核字（2017）第310851号

淡水养殖致富图解

施 军 王大鹏 编著

责任编辑：黎志海 张 珂		封面设计：韦宇星	
责任印制：韦文印		责任校对：覃 克	

出 版 人：卢培钊

出版发行：广西科学技术出版社 　社　　址：广西南宁市东葛路66号

邮政编码：530023 　网　　址：http://www.gxkjs.com

经　　销：全国各地新华书店

印　　刷：广西民族印刷包装集团有限公司

地　　址：南宁市高新区高新三路1号 　邮政编码：530007

开　　本：787mm×1092mm 1/16

印　　张：4.75 　字　　数：74千字

版　　次：2017年12月第1版 　印　　次：2018年10月第3次印刷

书　　号：ISBN 978-7-5551-0928-0

定　　价：22.00元

目 录

第一章　稻田养鱼

　　稻田养鱼在桂北山区有着悠久的历史，依托广西优越的地理条件、良好的水质、气候，采取生态健康的稻田养鱼模式，施用农家肥和农副产品养鱼，几乎不用或少用化肥、农药和除草剂，大大减少了农药残留，从而有效保障了水稻和水产品的食品安全，并提高了产品的品质，具有"稻因鱼而优，鱼因稻而贵"的互利互补效果。在水稻稳产的前提下，稻田养鱼能够大幅提高稻田经济效益和农民收入，提升稻田产品质量和安全水平，改善稻田的生态环境，有效推动产业扶贫。

稻田养鱼示范点

稻田养鱼示范点

稻田养鱼示范点

稻田养鱼示范点

稻田养鱼示范点

種養致富系列

一、稻田选择与改造

1. 稻田条件、面积与水源

选择土质黏性大、保水力强、保墒能力强、排灌方便、耕作层深的田块，如潜育性田、冷浸田、低洼田；不宜选用耕作层浅的沙土田、漏水田和易涝田。稻田面积0.6~10亩*均可，以2~5亩最易于管理。稻田应水源充足，排灌方便，宜以山泉、水库、溪流、江河等不受污染的水体作为水源。

山泉

---

*注：亩为非法定计量单位，但为方便阅读理解，本书的计量单位仍用亩。1亩≈666.7平方米，1公顷=15亩。

4

水库

溪流

江河

2. 田埂硬化

　　田埂硬化采用水泥砂浆浇筑或砖砌的方法，根据所处位置的不同，田埂有所不同，一般高30～40厘米，平均35厘米；宽10～20厘米，平均15厘米。在靠近路边的田埂处铺设农机入口。

水泥砂浆浇筑田埂

水泥砂浆浇筑田埂

砖砌田埂

农机入口

砖砌田埂

农机入口

3. 鱼坑开挖

在靠近进水口的田角处或稻田中央，开挖长宽各3米、深1米左右的鱼坑。鱼坑内壁四周用砖石砌筑，用水泥或混合砂浆抹面。鱼坑靠稻田一侧的坑埂留1～3个宽30～50厘米的堤口与田内鱼沟相通，鱼坑与鱼沟之间设置活动拦鱼栅。有条件的可在鱼坑上搭架子，安装遮阳网、遮阳布及种植爬藤植物，夏季可让鱼能在鱼坑中避暑。

鱼坑

鱼坑

鱼坑

鱼坑

鱼坑上搭架子

架子上方搭盖遮阳网

架子上方搭盖遮阳布

架子下方种植爬藤植物

4. 鱼沟开挖

　　在田间开挖宽40厘米、深40厘米左右的鱼沟，面积约占稻田面积的10%，布局呈一字形、十字形、井字形或田字形，鱼沟与鱼坑相通，并向排水口倾斜，便于排水捕鱼。开沟宜在早稻插秧前7天完成；早稻收割后、晚稻插秧前应对鱼沟进行加深、加宽和清整。

鱼沟

鱼沟

鱼沟

鱼坑和鱼沟

鱼坑和鱼沟

鱼坑和鱼沟

5. 拦鱼栅的安装

每个进水口、排水口均设双层拦鱼栅以防止鱼逃脱。拦鱼栅用木条钉成框架，在框架内钉上网目为0.2～0.3厘米的铁丝网片或化纤网片。拦鱼栅应比进水口和排水口宽约20厘米，比田埂高约10厘米，迎水流方向以拱面安装。

进水口和拦鱼栅

进水口和拦鱼栅

排水口和拦鱼栅

排水口和拦鱼栅

排水口和拦鱼栅

排水口和拦鱼栅

6. 驱鸟器的安装

在田埂上安装太阳能超声波驱鸟器，防止白鹭、翠鸟等鸟类捕食养殖的鱼类。

太阳能超声波驱鸟器

二、品种选择

1. 水稻品种

选择高秆、抗倒伏、抗病虫害、耐肥的高产优质杂交稻品种。

优质杂交稻

优质杂交稻

2. 鱼品种与来源

　　稻田养鱼宜选择融水金边禾花鲤、桂林禾花鲤或鲫鱼。应选择证照齐全、有品质保证、有一定规模的苗种场购买鱼苗、鱼种。

融水金边禾花鲤

融水金边禾花鲤

桂林禾花鲤

桂林禾花鲤

鲫鱼

融水金边禾花鲤原产地证书

融水金边禾花鲤苗种生产许可证

三、水稻栽培管理与鱼种投放

1. 水稻栽培管理

采用宽窄行种植法增加种植密度，每亩插秧0.8万~1.3万株，行株距为25厘米×30厘米。施肥以经过发酵的农家肥为主、化肥为辅。肥料施放原则是重基肥、少追肥（见表1）。基肥应一次施足，追肥在插秧后7~10天进行。施追肥时先将水位降至田面以下，让鱼自然集中于鱼坑或鱼沟内再施放；肥料应施在田面上，避免化肥直接撒落在鱼沟或鱼坑内。

表1　施肥品种和施肥量（单位：千克/亩）

		农家肥	过磷酸钙	氯化钾	尿素	磷肥
早稻	基肥	400~500	20	5	—	—
	追肥	—	—	2.5~5	7.5	—
晚稻	基肥	—	—	10~15	7.5	15
	追肥	—	—	5	5~7.5	—

发酵好的农家肥

22

2. 鱼种投放

鱼种一般在2月底至6月初、早稻插秧7天后、秧苗返青时进行投放。试水后即可投放鱼种。投放的鱼种规格在3厘米以上，以越冬大规格鱼种为宜，投放时应一次放足。鱼种投放时先将鱼苗袋在水田中浸泡10分钟，待袋内水温与水田水温一致时，用2%～3%的食盐水浸浴鱼种10～15分钟再投放。放养规格、密度可根据稻田条件及饲养管理技术水平而定（见表2）。

表2 放养规格、密度

	规格（厘米）	尾数（尾/亩）
夏花鱼种	3～6	1 000～1 500
越冬鱼种	6～10	500～1 000

鱼苗袋在水田中浸泡

23

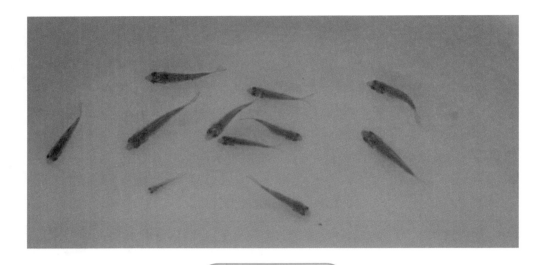

夏花鱼种

越冬鱼种

四、饲养管理

1. 饲料与投喂

在稻田养鱼过程中，适当投喂米糠、麦麸、玉米、花生麸和人工配合饲料。鱼种放养7天后开始投喂，每天的投喂量视水质、水温、天气、鱼的摄食量而定，一般以投喂后1小时左右吃完为宜。分上午9时和下午5时2次定点投喂到鱼坑、鱼沟中。

米糠

玉米

花生麸

人工配合饲料（浮料）

鱼坑喂鱼

在田边安装太阳能诱虫灯，可为鱼提供天然饵料，同时可减少水稻病虫害的发生。

太阳能诱虫灯

2. 巡田

每天早晚巡田，观察鱼类活动和摄食情况，检查拦鱼设备，发现问题应及时处理。雨季注意防洪、防逃。发现病鱼、死鱼应及时捞出，防止鱼病传播、蔓延。

死鱼

死鱼

3. 换水

夏天水温较高，应防止鱼坑、鱼沟的水位过浅，注意更换新水，保持水质清新，并保持微流水，避免发生"泛池"。

微流水入鱼坑

4. 鱼病预防

鱼种放养后每隔15～20天，每立方米水体用生石灰16～30克或强氯精0.3～0.5毫克溶于水后泼洒于鱼坑中，生石灰与强氯精交替使用。

生石灰

五、田间管理

1. 水稻病虫害防治

选择高效、低毒、低残留的安全农药（见表3）。采取深灌喷药，喷嘴往上呈45°"漂喷"，使药液尽量喷洒在禾叶上，避免农药洒落水中。水剂型农药宜在中午无露水时喷洒，粉剂型农药则宜在上午露水未干时撒施。

表3　稻田养殖用药安全剂量

药名	乐果	敌敌畏	敌百虫	稻瘟净	杀虫脒	杀虫双	4049	甲胺磷
最大用量（千克/亩）	1.45	0.354 8	1.375	0.167 8	1.526	0.693	0.189	3.026
安全浓度（毫克/升）	53	12.9	50	6.1	55.5	25.2	6.9	110

清除田里的福寿螺及螺卵，防止福寿螺对水稻的蚕食。

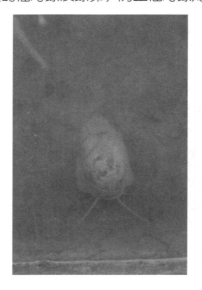

福寿螺

30

福寿螺的卵

2. 水田管理

整个水稻生长时期均要求保持鱼坑、鱼沟中的水有一定的深度，田面湿润，一般不需耘田。幼穗分化后灌水淹没田面5～10厘米，至收割前10天排出田水，露出田面，以利于收割。对排水不良的稻田，平时注意更换新水以防烂根。在晚稻秧苗返青期，应经常灌注新水，防止稻田水位过浅、水温过高，影响鱼类的摄食与生长。

31

六、水稻收割与成鱼捕捞

1. 水稻收割

　　早稻收割期天气炎热，应在收割前在鱼坑上方搭盖遮阳棚，做好遮阳工作。早稻收割前将鱼赶集于鱼坑内，收割完毕即重新加水入田，避免发生"泛池"。

收割后的稻田

2. 成鱼捕捞

　　根据市场需求，实行捕大留小。在早稻收割时将尾重约50克的商品禾花鲤捕捞上市。未达到商品规格的鱼，先集中于鱼坑、鱼沟中暂养，待晚稻禾苗返青后，再放出到大田中继续饲养至晚稻收割前后捕捞。若晚稻收割前后鱼仍未达到商品规格，则在晚稻收割后继续灌深水实行冬闲田精养，待冬末春初再捕捞上市，也可转到翌年的早稻田中继续饲养。无条件进行冬季养殖的，可转入其他水域中饲养。捕鱼时，先将鱼沟疏通，打开排水口，缓慢排水，使鱼自然集中于鱼坑或鱼沟中，再用捞网捕获。

鱼笼捕鱼

放网捕鱼

渔获

第二章　山区流水养鱼

　　广西山区属喀斯特地貌，多山，水资源丰富且水质清洁。山区流水养鱼，主要是利用山溪、泉水的流水落差，经引水渠引水入依地势而建的小型养殖池，出水经排水渠入田或入小河。其特点是养殖面积小、养殖成本低、管理方便，具有全年流水，水溶氧高，鱼生长快、品质优、产量高，养殖收益大等优点，是山区家庭脱贫致富的好项目。

有落差的水源

一、放养前的准备

1. 地点选择

养殖池选择在房舍附近，有清洁无污染的常年水流，位于有落差的山溪、泉水的中上游，土质坚实不渗漏的空闲地建设。

稻田改造的流水养鱼小水塘

房子旁边的鱼池

空闲地建设的鱼池

2. 养殖池建设

商品鱼池为椭圆形或长方形，池堤用砖石砌成，以池面面积50～80平方米、池深1.2～1.5米、水深0.8～1.0米为宜，池底铺设水泥硬化，以方便排污。池底向排水口一侧倾斜5°～8°。为方便水体交换和排污，面积不宜超过100平方米。有条件的还可以建设鱼苗种培育池，以池面面积10～20平方米、池深1.0米、水深0.8米为宜。进水口设在池最高处，并设进水控制阀门，排水口设在池底处，池底设出水闸及拦鱼栅，进水渠、排水渠分别开挖，不互相串联，排出的水不再进入进水渠，这样有利于保持水质清洁，防止鱼病传播。

鱼池

鱼池

鱼苗种培育池

鱼苗种培育池

进水口

进水口

排水口

排水口

二、品种选择

　　流水养鱼因水交换量大、水质清、浮游生物和底栖生物量少，只适合养殖投饵性鱼类。山区蛋白质饵料来源困难，但各种草资源丰富，所以养殖品种主要以草食性的草鱼为主，同时套养杂食性的鲤鱼、罗非鱼。

草鱼

鲤鱼

罗非鱼

三、鱼种投放

为减少鱼病的发生，保证养殖成活率及产品质量，山区流水养鱼多为家庭养鱼形式，应以粗养为主，其养殖密度大大低于精养池塘，投放数量取决于饲养管理水平和配套种植饵料的面积。各品种的投放密度见表4。

表4 主养、套养品种投放密度表

品种	规格（克）	数量（尾/平方米）	备注
草鱼	500～750	0.8～1.0	鱼种投放前用3%的食盐溶液消毒10～15分钟
鲤鱼	100	0.1	
罗非鱼	100	0.1	

池鱼

四、饲养管理

1. 投饵

　　草鱼饵料来源丰富，主要有芭蕉心、甘蔗叶、木薯叶、象草、水草、浮萍、玉米等，商品鱼养殖选择的草料要求鲜嫩，不要投喂采收时间太久，发黄腐烂变质的植物。夏季每天早上、下午分别投饵1次，投饵量一般为鱼体重的30%~40%，每次以投喂后3小时略有剩余为宜。根据季节、天气、水温和养殖数量来调整投饵量，当草料不足时可适当补充投喂人工配合饵料。大规格鱼种培育时可采用人工配合饵料和草料各一半的投喂方法，目的是提高鱼种成活率和规格。

芭蕉心

甘蔗叶

木薯叶

象草

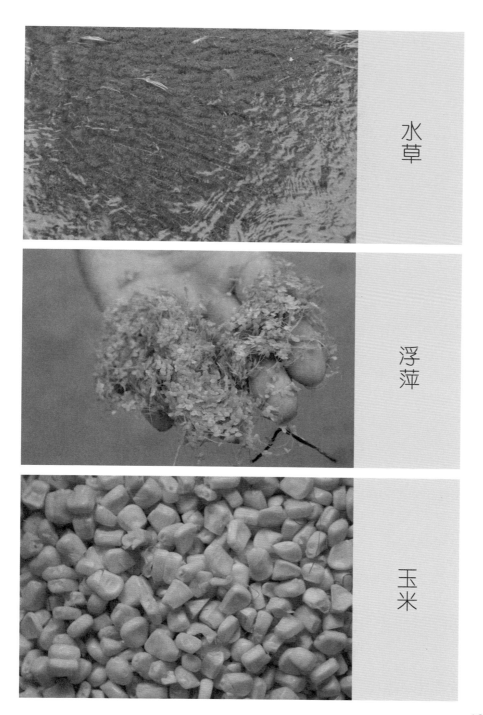

水草

浮萍

玉米

人工配合饵料

喂鱼

喂鱼

2. 水质调控

流水养鱼的养殖密度相对较大，又无任何增氧设施，水中溶氧主要来自新鲜水流，因此一般根据季节、养殖密度、投饵量来控制养殖池的进水量以维持水中溶氧。一般来说，夏季鱼类吃食量大、活动强，水流交换量要大；冬季鱼类吃食量少，活动慢，水流交换量则可小些（见表5）。

表5　不同季节鱼池水体交换量表

季节	昼夜全池水流交换量（次）
春、秋	2 ~ 3
夏	3
冬	1

3. 日常管理

（1）每天早晚巡视养殖池，主要检查进水口、排水口及观察鱼的摄食活动情况，清除拦鱼栅的垃圾，保持进水、排水通畅；早上将鱼池内剩余的饵料捞出，以保持鱼池清洁；发现病鱼、死鱼及时捞出，以防疾病传播。

（2）养殖池养殖2 ~ 3年后，适机将池鱼全部移出，排干池水，每平方米用0.2千克生石灰兑水对全池进行泼洒消毒，第二天全池冲洗干净后加满水将鱼放回，以预防鱼病发生。

（3）在池边或田边安装诱虫灯，清晨将收集到的昆虫投喂套养鱼类。

五、商品鱼捕捞与收益

主要采用轮捕轮放的方法，就是捕捞时将达到商品规格的鱼捕捞上市，留下小鱼继续养殖，同时补放大规格鱼种，使鱼池保持合理的养殖密度。

放养0.5千克左右的草鱼，养殖2年可达3千克左右，按目前收购价格60元/千克计算，每100平方米养殖80尾，产值可达14 000元。

第三章　藕塘养泥鳅

藕塘养泥鳅是新型的立体、生态、高效养殖模式，莲藕能净化水质，泥鳅充分依托种藕的优质水体生活栖息，同时可利用藕塘中的底栖生物、浮游动物、水生昆虫、莲藕的害虫作为天然饵料，大大降低莲藕病虫害的发生，同时也减少农药的使用量，减轻养殖水体的污染，降低劳动力成本和生产成本。泥鳅在藕塘中钻泥活动能起到疏松土壤，提高土壤的透气性的作用，从而达到提高莲藕的生长速度、产量和品质的效果。

藕塘

果树、莲藕、鱼立体种养模式

梯级养泥鳅藕塘

一、放养前的准备

1. 藕塘改造

藕塘四周塘基须加高加固，塘深0.8～1.0米，水深0.5米左右，藕塘内靠塘基四周开挖环状围沟，沟宽1.0米、深0.5米。另在塘中间开挖十字沟通向围沟，宽、深均为0.5米，各沟均向排水口倾斜。每块藕塘设高进低排水系统，进水口和排水口分别设在藕塘两端，排水口安装20～30目的网布防止泥鳅逃逸。

用石头砌塘基的藕塘

用泥土筑塘基的藕塘

进水口　　　　　　　　　　　　排水口

2. 施基肥

种藕前将塘水排干，晒塘1周。每亩施发酵好的农家肥250千克，再晒塘2~3天，使农家肥充分分解，让塘土吸收，然后蓄水种藕。

二、品种选择

选择的藕种是太空莲36号，鳅种是泥鳅或台湾泥鳅。

太空莲36号为浅水类型莲子品种，生长势较强，花果期、采摘期特长，荷梗、花梗较短，花呈淡红色，莲蓬数量较多，呈偏凹状，平均每蓬实粒数为17~18粒，结实率为85%左右，籽粒圆滑有光泽，百粒重100克左右，一般莲子每公顷产量为1 350~1 500千克，高产田块可达1 800千克，抗病性稍差。

太空莲36号

泥鳅

台湾泥鳅

三、苗种放养

放养鳅苗的时间宜选在3~4月，在栽藕后7~10天，塘水深度保持在0.5米左右，每亩藕塘泼洒发酵好的农家肥300千克以培育饵料生物，7天后塘水转绿时，开始投放规格一致、体质健壮、无病无伤的鳅苗，投放前用浓度为3%~4%的食盐水浸泡5分钟。放养规格和密度见表6。

表6　放养规格、密度

	规格（厘米）	尾数（尾/亩）
鳅苗	3~5	20 000
鳅种	8	10 000

四、饲养管理

1. 施肥管理

藕塘放入鳅苗1个月后，每隔15～20天施1次发酵好的有机肥，每次每亩施100千克左右，主要是培养泥鳅的天然饵料。施肥量还可根据水质进行调整，每次施用量不宜过大，应既能满足莲藕的生长，又能使塘水保持一定的肥度，满足泥鳅的生长。

2. 投饵

放苗1周后应投喂人工混合饵料。每天1次，下午4～6时定时投放饲料，每次投饵量为鳅体总重量的3%，投饵量还应根据天气、水温、水质等情况适当调整。当水温低于15℃或高于30℃时少投甚至不投喂。

在池塘边或田边安装诱虫灯，可将清晨收集到的昆虫投喂泥鳅。

3. 水位与水质调节

在不影响莲藕生长的前提下尽量提高藕塘水位，以满足泥鳅的生活、生长的需要。水位过浅要及时加水，水色过深要及时更换新水，一般每周换水量约为塘水的20%。适量施放生石灰或漂白粉，可起到消毒增肥的作用，使塘水保持 pH 值为7.0～7.5。

4. 防逃与防敌害

每天巡塘，如发现塘基垮塌或塘水渗漏要及时修复或堵漏。特别是下大雨涨水时要检查排水口网布，及时清理网布上的垃圾以防止排水口堵塞而使塘水漫过塘基造成泥鳅大量逃逸。泥鳅的敌害主要有鼠、蛇、鸟等，要严防鼠、蛇进入养鳅的藕塘中，设法驱赶鸟。

五、商品鳅捕捞与效益

1. 商品鳅捕捞

当水温在15℃以上、泥鳅仍摄食时，采用笼捕法捕捞；当水温低于15℃、泥鳅停止摄食和活动减少时，采用排水法捕捞，即放干藕塘水，将泥鳅汇集到围沟里进行捕捞。如泥鳅未达到商品规格，采藕时先排干塘水，待泥鳅逐渐汇入围沟后再挖藕，采完藕后再回水继续饲养。

笼捕法捕捞泥鳅

笼捕法捕捞泥鳅

放笼

收笼

2. 经济效益

　　每亩放养2万尾泥鳅苗，可产泥鳅150千克左右，按目前收购价格20元/千克计，产值可达3 000元，减去每亩成本500元，亩产收益在2 500元左右。广西东部、中部、南部藕塘众多，利用藕塘生态养鳅是广大群众快速脱贫致富的好项目。

第四章　稻田养田螺

　　田螺是稻田的土著生物，具有养殖敌害少、稻田改造成本低、市场容量较大、价格相对稳定等优势，是优良的稻田养殖品种。通过稻、螺、鱼的共生共作、轮作等新型综合种养模式，可提高稻田的单位产出和综合效益，实现稳粮增收和提质增效的目的。

田螺养殖基地

田螺

55

一、放养前的准备

1. 稻田条件

宜选择日照充足、水质良好、无污染、水源充足、具有腐殖质土壤、排灌自如、洪涝不淹、天旱不干的稻田，以烂泥田、冷水田最佳。

烂泥田

高山冷水田

2. 稻田改造

加高加固稻田田埂，保证田埂高度超过0.4米，在进水口、排水口设置铁丝网或塑料网等材料制作的栅栏。田鼠、蛇多的地方可围网防敌害，在稻田中间起垄，垄宽3米，四周开螺沟，宽0.5～1米、深0.2～0.5米。垄上种水稻，沟里养田螺。

垄和螺沟

垄和螺沟

田埂和螺沟

田埂和螺沟

进水口

排水口

田埂主干道上用水泥砂浆浇筑0.8米宽的道路，以便收螺时斗车进入，减轻劳动强度。有条件的还可在田埂上搭架子并种植爬藤植物，在工作劳累时有遮阳休息场所。

田埂上的架子

3.　施基肥

螺种放养前10天先翻耕稻田，每亩用生石灰50~75千克兑水泼洒消毒和杀灭敌害生物。

3~4天后用鸡粪和切碎的稻草按3∶1的比例混合成基肥，按300千克/亩在田中堆肥培育饵料生物。

基肥入田输送管道

基肥发酵池

基肥发酵池

二、品种选择

1. 水稻品种

选种高产、优质、耐肥、抗病、抗倒伏的水稻品种。

高产优质稻

高产优质稻

2. 田螺品种

主要养殖品种为中华圆田螺和中国圆田螺。

中华圆田螺

中国圆田螺

相同大小的田螺，体型瘦长的为雄螺，肥短的为雌螺。

雄螺（左）、雌螺（右）

三、螺种投放

在插秧后7～15天、秧苗返青生长后投放螺种。单季稻可先放养，到高温季节刚好稻叶茂密，为田螺遮阳降温。同一稻田放养的螺种规格应一致，放养前螺种应用5％食盐水浸泡。田螺螺种在3～10月分批或一次性足量投放，最好避开炎热酷暑时投放。选择完整无破损、受惊时螺体可快速收回壳中、螺体无蚂蟥等寄生的田螺螺种投放。投放规格、密度见表7。

表7　田螺苗种投放规格、密度

投放规格	投放密度
200只/千克左右的幼螺	125～150千克/亩
30～50只/千克的种螺	30～50千克/亩

田里的田螺

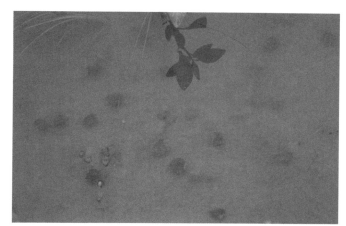

田里的田螺

田里的田螺

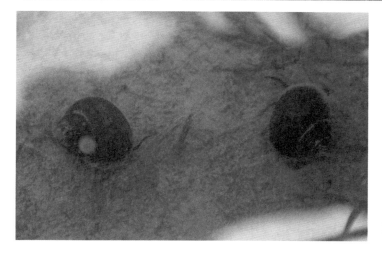

田里的田螺

四、饲养与田间管理

1. 投喂

仔螺产出后2周即可投饵，可投喂新鲜的青菜、豆饼、米糠、蚯蚓、动物内脏等，也可自制饵料（见表8）。投饵时，应先将固体饵料泡软，动物内脏剁碎，再用米糠或麦麸拌匀后投喂。

表8　自制饵料配方

配方组成	配方比例
玉米	20%
鱼粉	20%
米糠	60%

表9　投喂表

温度	投喂次数	每次投喂量
20～28℃	隔天投喂1次	体重的2%～3%
15～20℃、28～30℃	每周投喂2次	体重的1%
低于15℃或高于30℃	少投或不投	—

2. 水质调节

高温季节，要加深水位，且经常换水，防止水温偏高。梯田保持微流水最佳。保持水体透明度在0.3米左右，如水质偏瘦则追肥，如水质太肥则进行换水。每隔7天泼洒1次生石灰（水深0.2米以上施5千克/亩），用于水体消毒、调节水体 pH 值和增加水体含钙量。

3. 水稻管理

（1）耕作时不要使用农机。已养螺的稻田，耙耕前尽量先把螺引到集螺坑中，坑与田间以泥埂分隔，防止耙耕时泥水进入坑中，插秧后待田水返青再清除坑与田间的泥埂，让田螺重新向田中移动。

（2）水稻施肥可少量使用尿素，不能用碳酸氢铵。

（3）水稻用药应选用高效低毒农药，方法是将药物喷洒在水稻茎叶上，避免农药落入水中，同时加深水体，以降低落入水中药物的浓度。

（4）水稻分蘖需干水晒田时，可缓慢排水将田螺引入螺沟中饲养。

（5）收割稻谷前先将田螺引入沟和坑中饲养，待干水晾田后再收割稻谷。若是收割早稻，必须给集螺坑和一部分螺沟搭上遮阳棚，防止暴晒致水温过高而造成田螺死亡。

4. 田螺管理

（1）暴雨天注意疏通排水口，防止稻田中的水过满导致田螺逃逸。

（2）蚂蝗可用浸过猪血的草把诱捕杀灭。漂浮于水面的死螺要及时捞出。

（3）清除田里的青苔、福寿螺及螺卵。

（4）入冬前要强化培育使田螺体质健壮，入冬后应将水加深到30厘米以上保温，还可向田中投放一些稻草，让田螺在草下越冬。

福寿螺

田里的青苔

五、饲养、田间管理

1. 采收方式

投放幼螺养殖的，待幼螺生长至商品规格后统一采收。投放成螺养殖的，投种后3个月开始采收，每年采收2～3次。捕大留小、分批上市，捡取成螺，留养幼螺和注意选留部分母螺，自然补种，以后无需再投放种苗。

2. 采收方法

夏秋季水温较高，选择清晨或夜晚捕捉；秋冬季捕捉，则选择晴天中午。用抄网捞取，网目为1～3厘米。养殖稻田面积较大时，可用炒米糠、麦麸、面粉混以黏土做成团块，投入水中诱集田螺并用网抄捕，也可采用排水后网捞、手捡或下田摸捉田螺。

3. 运输

田螺的运输可用普通竹篓、木桶、编织袋。运输时保持田螺湿润，防止暴晒。